欢迎来到
怪兽学园

_____ 同学，开启你的探索之旅吧！

主角人物

阿思　　阿麦

献给亲爱的衡衡和柔柔，以及所有喜欢数学的小朋友。

——李在励

献给我的女儿豆豆和暄暄，以及一起努力的孩子们！

——郭汝荣

图书在版编目（CIP）数据

超级数学课 . 3, 动物专列 / 李在励著；郭汝荣绘. —北京：北京科学技术出版社，2023.12
（怪兽学园）

ISBN 978-7-5714-3349-9

Ⅰ. ①超… Ⅱ. ①李… ②郭… Ⅲ. ①数学—少儿读物 Ⅳ. ① O1-49

中国国家版本馆 CIP 数据核字（2023）第 210375 号

策划编辑：吕梁玉		**电　　话**：0086-10-66135495（总编室）	
责任编辑：金可砺		0086-10-66113227（发行部）	
封面设计：天露霖文化		**网　　址**：www.bkydw.cn	
图文制作：杨严严		**印　　刷**：北京利丰雅高长城印刷有限公司	
责任印制：李　茗		**开　　本**：720 mm×980 mm　1/16	
出 版 人：曾庆宇		**字　　数**：25 千字	
出版发行：北京科学技术出版社		**印　　张**：2	
社　　址：北京西直门南大街 16 号		**版　　次**：2023 年 12 月第 1 版	
邮政编码：100035		**印　　次**：2023 年 12 月第 1 次印刷	
ISBN 978-7-5714-3349-9			

定　　价：200.00 元（全 10 册）

3动物专列

等差数列

李在励◎著　郭汝荣◎绘

北京科学技术出版社
100层童书馆

　　阿麦的爸爸麦克斯先生是动物专列的列车长。这天，阿麦和阿思与麦克斯先生一起登上了动物专列。

　　这是一列专门运送动物的火车，不同种类的动物分坐在不同的车厢里。

　　火车马上要开了，可麦克斯先生却不见了。阿麦和阿思正着
急时，乘务员露露阿姨过来告诉他们："麦克斯先生去做开车前
的例行检查了，你们乖乖等他一下吧。"

露露阿姨交代完就去工作了，阿麦和阿思相视一笑。他们才
不会乖乖在这里等呢，他们想去看看火车上都有什么动物。

经过 1 号车厢时，他们看见了 1 头大象；

经过 2 号车厢时，他们看见了 3 头水牛；

经过 3 号车厢时，他们看见了 5 只绵羊；

经过 4 号车厢时，他们看见了 7 只大猩猩。

　　"等等，这好像有什么规律。"阿思对阿麦说，"你猜5号车厢会有多少只动物呢？"

　　此时的阿麦已经吃上了大猩猩送给他的香蕉。

　　"让我看看。哇！每节车厢的动物都比前一节车厢多2只，那么，5号车厢应该有7+2=9，9只动物。"

| 1只 | 3只 | 5只 | 7只 | ? |

7+2=9（只）

差2　　差2　　差2

走到 5 号车厢时，他们果然看见 9 只天鹅。它们正伸着脖子观赏车窗外的景色。

"这可真有意思。"阿思笑了。

"麦克斯叔叔说过,这列火车一共有10节车厢,假如每节车厢的物数都符合这个规律,那最后一节车厢会有多少只动物呢?"

1只 3只 5只 7只 · · · · · ·

2 2 2 2 2 2 2 2 2

相邻车厢都差2只

"或许该画一个表格!"

在阿麦被天鹅追着跑的时候,阿思已经画好了表格。

车厢号	1	2	3	4	5	6	7	8	9	10
动物数(只)	1	3	5	7	9	11	13	15	17	19

看来,10号车厢有19只动物!

阿麦凑了过来，看着阿思画的表格说："确实是 19 只，不过这样也太麻烦了吧！"阿思有些尴尬，他挠了挠头，一时没想出其他的方法。

车厢号	1	2	3	4	5	6	7	8	9	10
动物数量（只）	1	3	5	7	9	11	13	15	17	19

究竟有没有更快的算法呢？

1 号车厢有 1 只动物，每往后一节车厢就多 2 只动物。也就是说，多几节车厢就多几个 2。只需要用车厢号减 1 的结果乘 2，再加上最初的动物数 1，就知道这节车厢的动物数了。

车厢号	1	2	3	4	5	6	7	8	9	10
动物数（只）	1	3	5	7	9	11	13	15	17	19

1 号车厢　1　　　　　　= 1

2 号车厢　1+2　　　　= 1+2×(2−1)

3 号车厢　1+2+2　　= 1+2×(3−1)

4 号车厢　1+2+2+2　= 1+2×(4−1)

⋮

10 号车厢　1+2+2+……+2=1+2×(10−1)=19

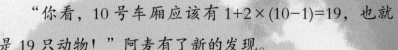

"你看，10 号车厢应该有 1+2×(10−1)=19，也就是 19 只动物！"阿麦有了新的发现。

有了这个方法，即使有再多的车厢也能马上算出最后一节车厢有多少只动物了。

正在这时，麦克斯先生来了。

"小家伙们，你们怎么跑到外面来了？"

阿麦和阿思争先恐后地把刚才的发现告诉了麦克斯先生。

车厢号	1	2	3	4	5	6	7	8	9	10
乘客数	1	3	5	7	9	11	13	15	17	19

1 号车厢　1　　　　　= 1
2 号车厢　1+2　　　　= 1+2×(2-1)
3 号车厢　1+2+2　　　= 1+2×(3-1)
4 号车厢　1+2+2+2　　= 1+2×(4-1)

......

10 号车厢　1+2+2+······+2=1+2×(10-1)=19

5号

6号

13

麦克斯先生看着阿麦和阿思的表格和算式，高兴地说："那你们能很快算出这列火车上一共运送了多少动物吗？答对的话我就请你们吃冰激凌！"

阿麦看了阿思一眼，阿思也看了阿麦一眼，他们有些发愁：这么多节车厢的动物，全加起来还真得花点儿时间呢！

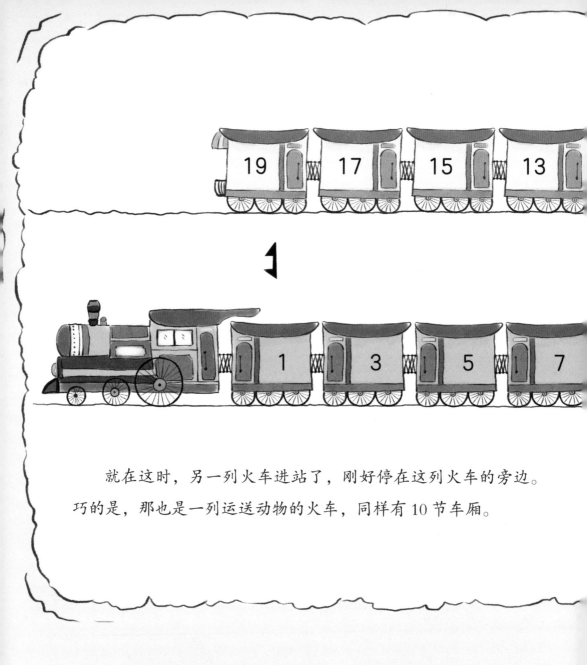

　　就在这时，另一列火车进站了，刚好停在这列火车的旁边。巧的是，那也是一列运送动物的火车，同样有10节车厢。

　　麦克斯先生看着对面的火车说："假设那列火车上每节车厢的动物数量都和我们这列火车的一样，只是车头方向相反。它的10号车厢对着我们的1号车厢，它的1号车厢对着我们的10号车厢，这样能给你们一些提示吗？"

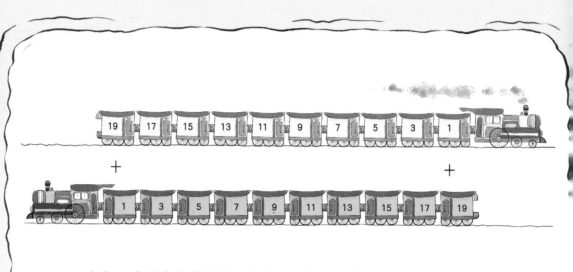

叔叔，我懂你的意思了！我们可以把相对的两节车厢看成一组，对面那列火车的 1 号车厢和我们的 10 号车厢一共有 1+19 =20，20 只动物。

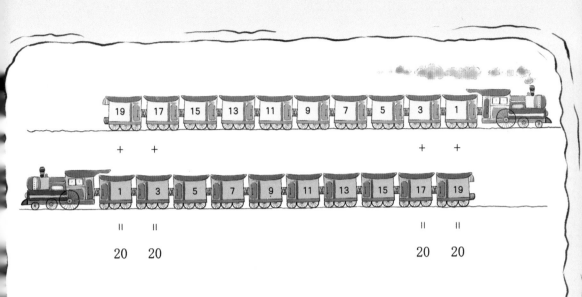

是的，它的 2 号车厢和我们的 9 号车厢也是一共有 20 只动物，每一组车厢的动物数都是 20。

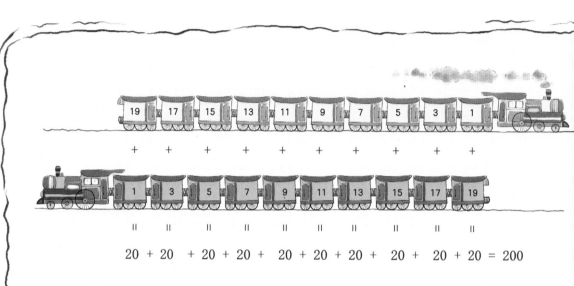

$$20 + 20 + 20 + 20 + 20 + 20 + 20 + 20 + 20 + 20 = 200$$

两列火车一共有两两相对的 10 组车厢，也就是有十个 20，合起来是 200。两列火车的动物数一样多，200 再除以 2 就是一列火车的动物数了。所以，这列火车一共有 100 只动物！

$$200 \div 2 = 100 (只)$$

"冰激凌！冰激凌！"阿麦围着爸爸大喊大叫，他知道阿思算得没错。

冰激凌！

激凌！

棒啦！

阿麦和阿思跟着麦克斯先生回到了列车长室，乘务员露露阿姨送来了好吃的冰激凌。

阿麦吃得不亦乐乎，他的脸上、身上、衣服上都沾满了冰激凌上的小糖粒。

阿思看着冰激凌上的小糖粒，又有了新的发现。"阿麦，你看！我的冰激凌上有3粒红色的糖，6粒黄色的糖，9粒蓝色的糖，这是不是跟车厢里的动物数的规律有点儿像？"

3、6、9！

阿麦正沉浸在享用香甜冰激凌的幸福中，被阿思吓了一跳。他不耐烦地说："哎呀，都是相邻两个数的差一样，只不过不同颜色的糖粒差3粒，而每节车厢的动物差2只。"

"数学家们给这样的一些数起了一个名字，叫等差数列。"麦克斯先生说道，"假如一列火车的 1 号车厢有 1 只动物，2 号车厢有 2 只动物，3 号车厢有 3 只动物。这列火车很长很长，一直到 100 号车厢坐了 100 只动物。你们知道所有车厢的动物加起来一共是多少只吗？"

"要从 1 一直加到 100，这听起来好难啊！一直算到明天也算不完！"阿麦打起了退堂鼓。

"一点儿也不难！"阿思鼓励他说，"就用我们刚才用过的办法，阿麦，你试试！"

阿麦回忆起刚才的办法："把一列火车的 1 号车厢和另一列火车的 100 号车厢的动物数相加后就是 101，再乘以车厢总数 100，答案是 10100。"

(1+100)×100 = 10100（只）

"不对！这是两列火车的动物数，还要再除以 2 才行。答案是 5050。对吗，叔叔？"阿思补充道。

露露阿姨点点头，赞赏道："对极了！你们两个小家伙已经可以当乘客统计员了。"

"那我们就可以天天吃冰激凌了！"阿麦已经在想象自己被冰激凌包围的样子了。

10100÷2 = 5050（只）

"呜——"火车终于开了。有了阿麦和阿思这两个小家伙，今天的动物专列倒更像是一趟数学专列。

著名德国数学家高斯享有"数学王子"之称。据说在他上小学时，一次数学课上，老师给学生们出了一道很难的计算题：让他们在一小时内算出 1+2+3+4+5+6+……+100 的得数。全班只有高斯很快给出了答案，因为他想到了可以将数字重新排序，用（1+100）+（2+99）+（3+98）……+（50+51）的方法计算。这样，一共有 50 个 101，所以 50×101 就是从 1 加到 100 的和。后来，人们把这种简便算法称作高斯算法。

（1+100）+（2+99）+（3+98）

……+（50+51）

50×101=5050

等差数列的特点是相邻两个数的差相等，数列的第一个数叫作首项，最后一个数叫作末项。等差数列中相邻两个数的差叫作公差。那么，求数列的和的公式如下图所示。

总和 = （首项 + 末项）× 项数 ÷2

拓展练习

你能快速算出以下数列的和吗？

3+6+9+…+27+30

2+4+6+…+98+100

165；2550。

So easy!